LA

CRISE AGRICOLE

ET

LA DÉMOCRATIE.

IMPRIMERIE Vᵉ MARIUS OLIVE. RUE PARADIS, 68.

LA

CRISE AGRICOLE

ET

LA DÉMOCRATIE

DISCOURS

PRONONCÉ PAR

M. LÉOPOLD DE GAILLARD

l'un des Vice-Présidents de la Section d'Agriculture

DU

CONGRÈS SCIENTIFIQUE D'AIX-EN-PROVENCE

à l'Assemblée Générale tenue dans l'amphithéâtre de la Faculté des Lettres de cette ville, le 20 décembre 1866.

O fortunatos nimium sua si bona norint Agricolas !

MARSEILLE
TYPOGRAPHIE Ve MARIUS OLIVE
68, RUE PARADIS, 68.

1867

AVANT-PROPOS.

Je n'ai jamais pu me résigner à croire que les peuples heureux soient ceux qui n'ont point d'histoire. En dépit du proverbe, je préférerais un petit bout de rôle, serait-ce de victime, dans nos tragédies de France ou d'Angleterre, à l'éternelle bucolique des habitants de la Chine ou du Val-d'Andorre. Mais ce qui n'est pas vrai des individus ni des nations, est vrai de l'agriculture. Sa destinée paraît être d'ignorer la gloire pour rester vouée toute entière à l'Utile, et de faire son œuvre sans bruit, comme les astres se lèvent et comme les moissons grandissent.

Aussi est-ce tout d'abord un mauvais signe que de voir la presse et les pouvoirs publics tant s'occuper d'elle, et d'entendre parler de la *question* de l'agriculture, comme s'il ne s'agissait que de l'Orient ou de l'Allemagne, du Mexique ou de l'Italie !

Les maux dont elle se plaint sont-ils réels ?

Et s'ils sont réels, quelle en est la cause principale ? Et, cette cause connue, quel en serait le remède ? Voilà une série de points d'interrogation posés partout, depuis un an, et que j'ai voulu poser à mon tour dans les pages qu'on va lire.

On me dira : Pourquoi ne pas attendre les rapports des vingt-sept commissaires de l'enquête qui sont à la veille, assure-t-on, d'être publiés au *Moniteur* ? Je réponds : Pourquoi n'y pas joindre publiquement une déposition de plus, si peu qu'elle dise et qu'elle pèse ? Pourquoi surtout ne pas corroborer les conclusions de l'enquête administrative par les vœux de cette libre et familière enquête de propriétaires, qui vient de tenir séance, huit jours durant, dans la grande salle de l'Hôtel-de-Ville d'Aix ?

D'ailleurs ce n'est pas, on le verra, une arme de plus que nous avons forgée pour le combat, c'est une transaction que nous avons proposée. Entre le libre-échange et la protection, le débat de principe me paraît depuis longtemps réglé. Comme nous l'a si bien dit M. de Larcy, personne ne veut, personne n'a jamais voulu ni toute la protection, ni tout le libre-échange. La protection, au risque de voir enchérir à l'excès le prix du blé, qui aurait le cœur de la désirer ? Le libre-échange, au risque de ruiner la première de nos cultures, qui oserait l'exiger ? La difficulté n'est donc plus dans le choix du système, elle est dans le choix des moyens : elle est surtout dans les conséquences déjà subies et dans la très grave question de savoir si l'agriculture française peut continuer à les subir.

En fait de liberté commerciale comme de liberté politique, tout le monde ou à peu près tout le monde a fini par tomber d'accord. C'est un vrai progrès : reste néamoins à s'entendre sur le mode et le moment de l'application. Ceux qui seraient tentés de ne voir là que d'insignifiants embarras de détail n'ont qu'à regarder où nous en sommes en politique, après avoir si souvent et si unanimement « consacré et garanti les grands principes de 89. »

Les querelles de principes, c'est la guerre civile. L'opportunité, la discussion des voies et moyens, le *modus in rebus*, c'est toute la politique. La première phase paraît heureusement terminée; mais la seconde, qu'on s'en réjouisse ou qu'on s'y résigne, est destinée à durer tant qu'il restera sur la terre, je ne dis pas des gouvernements libres, mais seulement des hommes libres.

C'est donc, quoiqu'on en ait dit, de la politique, de la pure politique qu'on vient de faire dans l'enquête agricole et qu'on fera chaque fois que s'agitera devant le pays la question des souffrances et des griefs de l'agriculture. Il convient que le public et le gouvernement en prennent franchement leur parti, afin qu'une modération loyale et ferme préside des deux côtés à la discussion de si grands intérêts.

On reconnaîtra, je l'espère, que ni la modération ni la fermeté n'ont fait défaut aux paroles que j'ai eu à prononcer devant le Congrès scientifique d'Aix. A défaut du témoignage de ma conscience, il me suffirait de me rappeler le chaleureux accueil qu'elles ont reçu d'un auditoire d'élite où toutes les opinions, comme toutes les distinctions, étaient mêlées. La cause première à laquelle j'ai cru devoir rattacher le désarroi trop réel de l'agriculture est tellement générale, elle a dû être cherchée si haut et si loin, qu'elle reste par-dessus et par de là le pouvoir actuel et ceux qui l'ont précédé.

Au lieu de passionner le débat, j'ai donc visé à l'élargir ; au lieu de ne montrer dans la détresse des campagnes que le seul effet d'une loi justement taxée de précipitation et d'imprévoyance, j'ai voulu y montrer un signe du temps, une crise irrésistible, un courant non de gouvernement, mais de civilisation. Les masses populaires, appelées tout d'un coup au bien-être et à l'égalité démocratique, ont naturellement demandé ce bien-être et cette égalité, non à l'agriculture, qui ne pouvait les leur assurer que lentement, mais à l'industrie, cette force née avec la démocratie elle-même et qui était seule capable de changer, en si peu de temps, un fait purement politique, à ses débuts, en un fait sérieusement et définitivement social. Je ne crois pas, je n'ai jamais pu croire que la génération de 89 et toutes celles qui sont venues, depuis, se soient absolument trompées ni de but ni de chemin ; seulement il est temps, il est grand temps que population, législation et gouvernement, nous revenions tous à la terre avec nos forces et nos richesses si merveilleusement accrues pendant la phase industrielle.

Le premier pas à tenter dans cette voie serait de dégrever le sol de la part de contributions qu'il a payées jusqu'ici, au lieu et place des valeurs mobilières à peine imposées, et quant au moyen conseillé pour arriver à ce juste et nécessaire équilibre, je ne me défendrai pas de l'avoir montré dans le vote universel. De même qu'on accusait autrefois le cens électoral à 200 francs de tendre à favoriser le travail industriel plutôt que le travail rural ; de même il est logique d'espérer que le suffrage du grand nombre est institué pour l'amélioration du sort des classes laborieuses, et tout d'abord de la classe agricole. C'est donc bien de parti pris, quoique sans la moindre velléité de contention ni de menace, qu'osant rompre la mesure d'un vers de Virgile, j'ai écrit en épigraphe :

O fortunatos nimium sua si VOTA norint
Agricolas !...

Heureux l'homme des champs, a-t-on dit sous Auguste,
S'il connaît sa félicité !
Plus heureux s'il connaît son *vote* ! ai-je ajouté.
Le vers faux en latin, en français devient juste

Bollène (Vaucluse), 3 janvier 1867.

LÉOPOLD DE GAILLARD.

DISCOURS

PRONONCÉ

PAR M. LÉOPOLD DE GAILLARD

un des Vice-Présidents de la Section d'Agriculture

DU CONGRÈS SCIENTIFIQUE D'AIX-EN-PROVENCE

MESSIEURS,

Parmi les consolations et les conseils que l'on prodigue chaque jour à l'agriculture, il n'en est pas que le propriétaire du Midi ait entendu répéter plus souvent que celui-ci : *Renoncez à faire du blé, plantez des vignes*! Je note tout de suite qu'on n'avait jamais songé à nous parler de la sorte, avant la loi du 15 juin 1861, et qu'on avoue ainsi, tout en persistant à le nier, que de cette loi, date, en effet, l'avilissement des prix de nos céréales. Mais laissons les céréales, à propos desquelles vous avez émis hier, sur la proposition de notre digne et autorisé président, M. de Larcy, un vœu trois fois excellent, puisqu'il satisfait la justice et protége nos intérêts, sans porter atteinte à la liberté. Avant de vous parler des vins qui sont seuls à l'ordre du jour, permettez que je dévoile, par une seule observation, toute l'inanité du conseil qu'on ose nous donner Que nous propose-t-on? De changer tout d'un coup nos cultures, nos habitudes, l'aspect de nos champs, toutes les conditions de la vie et du travail agricole. Et à qui demande-t-on cet essai hardi et chanceux de rénovation radicale? a des cultivateurs, Messieurs, aux paysans, c'est-à-dire à la classe traditionnelle par sagesse et routinière par tempérament! Ah! je comprendrais ce langage? si le sol de la France était partagé entre sept ou huit grandes compagnies industrielles, ayant un immense capital, un immense outillage, un immense personnel, et pouvant mettre tout cela, sur un coup de télégraphe, au service d'une idée. Mais nous n'en sommes pas encore là, et nous n'y viendrons jamais, Dieu et le Code civil aidant! Le sol de la France appartient au contraire à 7 ou 8 millions de petits propriétaires, besogneux pour la plupart, et n'ayant d'autre ambition que de vivre, d'une récolte à l'autre, avec les produits très-variés de leur coin de terre. *De tout un peu* sera de tout temps l'idéal du petit et moyen cultivateur, de même que *se suffire à soi-même* devra rester une maxime d'Etat, tant qu'on ne nous aura pas prouvé, par un désarmement européen, que la guerre est reléguée au rang des histoires de Croque-Mitaine. Qu'on ne l'oublie pas, avant de songer à récolter pour vendre, le trop grand nombre des agriculteurs songe à récolter pour consommer. Aussi l'accroissement des cultures de première nécessité en même temps qu'une inévitable diversité de cultures de détails, suivant les besoins ou les caprices de chaque propriétaire, sont une suite absolument naturelle du parcellement de la propriété (1). Quelques agronomes intelligents et riches pourront bien tenter une expérience, la masse jamais ! Son expérience à elle, sa triste expérience toujours à recommencer, c'est, d'abord, d'atteindre le bout de

(1) Veut-on la preuve arithmétique de cette vérité de bon sens : Sur une contenance superficielle de 356,640 hectares, dont il faut déduire 77,682 hectares de landes, bruyères, routes, cours d'eau, bâtiments et autres terrains improductifs, plus 68,144 hectares en forêts, le département de Vaucluse en consacre 112,859 aux céréales et 32,371 aux cultures diverses. D'après la même statistique, rapportée par M. d'Olivier, dans ses réponses faites au nom de la Société d'Agriculture de Vaucluse au questionnaire de l'enquête, la surface cultivée en céréales se trouverait ainsi dix-huit fois plus étendue que celle cultivée en prairies naturelles, huit fois plus que celle cultivée en prairies artificielles, et quatre fois plus que celle cultivée en vignes. On voit par ces chiffres quelle révolution nous conseillent innocemment les agriculteurs en chambre qui prennent la peine de venir de Paris pour nous dire au Conseil général et ailleurs : *Renoncez à faire du blé !*

l'année. L'économie politique a donc l'air de se moquer de nous, quand elle nous dit : *Exploitez en grand* ! pendant que le Code Napoléon nous dit : *Possédez en petit* ! Tout conseil qui n'est pas spécial à la petite propriété ne regarde pas l'agriculture française.

Quant à nos planteurs de vignes, c'est pour eux, en effet, que la nouvelle législation semblait faite. La vigne est, en Europe, le produit français par excellence, et, en France, le produit méridional par excellence aussi. Vous vous rappelez ces jours de vive et trop courte espérance. On nous montrait tout ouvert l'opulent et vaste marché de l'Angleterre : « Elle nous donnera ses fers, disait-on, nous lui donnerons nos vins : ce sera double profit pour l'agriculture qui se plaint de payer ses outils trop cher et de vendre son vin trop bon marché. » Illusion, Messieurs, illusion même un peu volontaire, car pendant que nous ouvrions naïvement nos ports et nos frontières à l'étranger, l'Angleterre qui nous entraînait si brusquement au libre-échange, gardait contre nos vins méridionaux une taxe exorbitante de 68 fr. 94 centimes par hectolitre (1).

(1) « Pour passer le détroit, dit M. Clément Coste, dans un remarquable travail publié à Montpellier, sous ce titre : *la Viticulture du Midi de la France devant l'enquête agricole*, nos vins ont besoin d'être vinés au-dessus de 15 degrés G.L.; or comme les droits anglais progressent en rai-

Obtiendrait-on dans la suite la suppression ou la réduction de cette taxe qu'on aurait dû exiger avant de rien céder, que notre viticulture, ne serait, je le crains, guère plus avancée. La consommation anglaise, en effet, est aristocratique et nos produits vinicoles ne le sont pas. Tant que l'Anglais boira le vin en petits verres, tant que nous ne lui aurons pas appris, passez-moi l'expression que je prends ici dans son sens littéral, à mettre de l'eau dans son vin, nous devons renoncer à l'honneur et au profit de lui servir d'échansons. Puis, quel que soit le bas prix auquel nos vins ordinaires du Midi pourraient être livrés à Londres, ce serait toujours une question de savoir si John Bull renoncerait pour eux à sa bière et à son ginn. Ce que je viens de dire de l'exportation de nos vins en Angleterre peut se dire aussi de leur exportation en Belgique, en Hollande, en Prusse, en Suède, en Norvège, en Russie, partout où le fisc impitoyable leur interdit de pénétrer. Les puissances étrangères ont l'air, en vérité, de craindre que l'esprit français ne fasse invasion chez elles avec nos vins de France !

Reste donc le marché intérieur. Mais ici se dresse ce qu'on a si justement appelé la barrière de l'octroi. Cette barrière, pour être moins élevée que celle

son du degré de vinosité des vins, il en résulte que ces pauvres vins populaires sont frappés d'un droit d'entrée de 2 shellings 6 deniers par gallon ou de 68 fr. 94 c. par hectolitre de 15 à 24 degrés!»

d'Angleterre, suffit pour arrêter les vins d'une valeur ordinaire et ne peut être franchie que par les vins de race. Nous demandons, sinon qu'on la renverse immédiatement, au moins qu'on l'incline considérablement vers le sol.

Toute la question de la vigne est dans la question des octrois. Le *primo vivere* de la vigne devrait se prononcer comme en Gascogne : *primo bibere*. Or, y mettrions-nous toute la bonne volonté imaginable, décuplerait-on, pour nous obliger, le nombre déjà trop grand des cabarets, nous ne parviendrions jamais à boire, entre méridionaux, tout le vin que le Midi produit. Il faut donc le faire boire à nos voisins, à nos compatriotes, aux Lyonnais, aux Parisiens, qui ne demandent pas mieux, aux Picards, aux Lorrains, aux Vendéens, aux Angevins, aux Normands, aux Bretons, qui ne doivent pas être condamnés au cidre à perpétuité.

Je retrouvais, il y a quelque temps, dans une histoire des Arabes, le texte du Coran qui interdit aux croyants l'usage des liqueurs fermentées... « Dans le vin comme dans le feu, dit le Livre Saint de l'Orient, il y a du mal et des avantages pour les hommes, mais le mal l'emporte sur le bien qu'il procure. Abstenez-vous-en et vous serez heureux. » (S. N. V. 168 216). Si le Prophète avait pu deviner la savante complication de nos congés, passavants, passe-debout, laisser-passer, permis d'entrer, droit d'octroi, droit de licence, en tout 16 droits accordés à l'Etat ou aux communes au détriment du droit primitif du producteur, j'ose croire qu'il se serait dispensé d'en défendre la consommation à ses fidèles. Grâce à cet attirail fiscal, il y a un grand nombre de Français qui ne sont pas turcs le moins du monde et qui observent la loi de Mahomet plus strictement que la plupart des mahométans !

Mais on m'arrête avec la perpétuelle objection : Par quoi remplacerez-vous les octrois supprimés, ou considérablement réduits ? Je pourrais répondre d'abord que ce n'est là ni la question ni notre affaire. C'est la question du fisc et l'affaire des pouvoirs publics. Que nous demande-t-on ? On nous demande à nous, agriculteurs, par quelles causes la vigne n'a pas tenu toutes les promesses qu'on nous avait faites en son nom. Nous répondons et nous démontrons que cette cause s'appelle les octrois. Cette démonstration faite, notre devoir envers le gouvernement qui a bien voulu nous interroger, est rempli. J'ajoute que si nous avons soin de faire remarquer qu'il est cruel pour l'agriculture de voir renverser d'une main les barrières qui la protégeaient, et maintenir de l'autre celles qui lui font obstacle; qu'il est à la fois inique et maladroit que la moitié du pays ne sache où prendre le vin, pendant que l'autre moitié ne sait que faire du sien, j'ajoute que si nous osons dire tout cela, non-seulement notre devoir est rempli, mais nos intérêts sont sauvegardés. Le gouvernement veut évidemment le libre-échange à l'intérieur comme il l'a voulu à l'extérieur. Que par suite de la suppression ou de la réduction des octrois, les grandes villes fussent contraintes à supprimer ou à réduire leurs dépenses de luxe, qui s'en plaindrait? Ce ne seraient évidemment ni les campagnes ni les communes rurales.

Puis, est-il à tout jamais interdit de songer à détruire ou diminuer une taxe sans la remplacer aussitôt par une taxe équivalente? Ce n'était pas l'avis des financiers de la Restauration qui, malgré les charges d'une double invasion, trouvèrent moyen d'alléger l'impôt foncier de 92 millions. Ce n'est pas de nos jours l'avis de M. Gladstone. qui vient de se retirer du pouvoir après avoir illustré son ministère par deux budgets à degrèvements. Qui croira que le suffrage universel ne finira pas par avoir ses finances comme il a sa politique et qu'il laissera subsister longtemps encore des droits vraiment prohibitifs sur un produit de première nécessité? Qui voudrait répondre que le système général des contributions restera ce qu'il est et qu'il ne viendra à aucun gouvernement la bonne et populaire pensée, que notre vœu a pour but de lui suggérer, d'équilibrer le poids des charges publiques entre la fortune immobilière et la fortune mobilière? Voilà, Messieurs, des questions qui ne font guère plus question dans la région des idées, mais qui demandent encore de l'étude dans la région des faits.

Je crois donc à la prochaine abolition ou transformation des octrois, comme je crois à la logique française et au progrès libéral. Mais est-ce une raison pour changer, comme on nous le demande, nos plaines en vignobles et pour renoncer à la culture du blé? Souffrez que je laisse l'histoire répondre à ma place. On a dit méchamment pour décourager non les poètes, mais les rimeurs : « Tous les beaux vers sont faits » ; il serait plus charitable et plus juste de dire : « Toutes les fautes ont été faites. » Oui, messieurs, même celle que je vous signale et que j'ai entendu conseiller, du haut de l'estrade officielle, aux agriculteurs de Vaucluse, lors du dernier concours régional d'Avignon.

Vous savez que, dans la vieille Rome les tribuns avaient coutume de faire venir des blés d'Afrique et de Sicile, pour nourrir le peuple des comices Vous savez aussi que cette coutume n'était pas de celles que les Césars, ces héritiers naturels des tribuns, risquaient de laisser tomber en désuétude. Elle fut donc non-seulement continuée, mais aggravée. Il y eut un préfet de l'Annone qui régnait en maître sur une multitude d'affamés, ou d'assistés, comme nous dirions aujourd'hui. Mais une année, soit que la recolte eût manqué dans les greniers de Rome, soit que la flotte qui portait la subsistance du peuple-roi eût été engloutie, on ne vit rien venir du côté de Brindes. Alors on se retourna avec terreur vers cette vieillle terre italique qu'on avait tant dédaignée ; mais, hélas! l'*alma parens frugumque virûmque* ne portait plus ni héros ni céréales. Les paysans des bords du Tibre, fatigués comme ceux des bords du Danube, « de ne plus cultiver pour eux leurs campagnes », avaient planté en vignes tout ce qu'ils n'avaient pas laissé en friche. Domitien, furieux, ordonna que la moitié des ceps serait arrachée et défendit d'en planter de nouveaux. Mais il était trop tard ! la disette ne recula pas devant la colère du maître du monde, et fit cruellement expier aux Romains la honteuse habitude d'avoir compté pour leur pain sur le secours de l'étranger. Suétone, qui nous a conservé ces curieux détails, nous a conservé aussi un distique vraiment féroce, qui fut la réponse de la vigne à son impérial ennemi : « Quand même tu m'extirperais jusqu'aux racines, lui disait-elle, je produirais encore assez de vin pour arroser l'autel le jour où le tyran sera immolé ! »

Messieurs, le Domitien qui nous obligerait tôt ou tard d'arracher nos vignes, si nous cédions aujourd'hui à d imprudentes excitations, s'appellerait la nécessité. Prevenons son édit,qui pourrait bien être daté de la première guerre, car nous ne sommes pas maîtres de la mer comme les Romains ; et continuons à semer le blé, partout où la terre est digne de le porter.

II

En attendant, Messieurs, me permettrez-vous de me demander avec vous d'où vient cet étrange et fatal accord de plaintes, de griefs, de vœux de réforme, non-seulement de la part du blé et du vin, mais de la garance, de la soie, et de toutes les cultures du Nord comme de toutes les cultures du Midi. A un malaise si général, il faut évidemment une cause générale, et il faut aussi un remède général. La cause première, Messieurs, que je n'ai pas entendu encore suffisamment indiquer, il ne faut la chercher ni dans telle ou telle ou telle législation, ni même dans telle ou telle direction donnée à l'activité nationale; elle est, à mon avis, dans les nécessités nouvelles de notre civilisation, elle est dans notre esprit public, qui, jusqu'ici, préfere et doit préferer l'industrie à l'agriculture. Quant au remède, il se rencontrera, je l'espère, dans le vœu que j'ai à vous proposer.

Laissez-moi vous signaler rapidement et cette cause et ce vœu.

Bien que nous ayons pris, depuis le roi Salomon, la commode habitude de répéter qu'il n'y a rien de nouveau sous le soleil, il y a cependant en ce moment quelque chose de nouveau et de très-nouveau, quelque chose que nos pères n'auraient su ni deviner ni nommer. Ce quelque chose, Messieurs, c'est nous-mêmes, c'est notre France issue de 89; ce quelque chose, c'est une société fondée sur l'égalité des droits dans l'inégalité des conditions. Egalité absolument juste, absolument nécessaire, absolument irremplaçable, je le constate non-seulement avec conviction, mais avec orgueil. Mais en même temps, inégalité moins choquante sans doute que sous l'ancien régime, mais non moins fatale, non moins absolument inévitable. Du conflit entre ces deux termes dont l'un est exigeant comme un principe, l'autre intraitable comme un fait, sont sortis les secousses, les grandes choses et les malheurs dont est faite l'histoire de notre temps. Et si vous me demandiez quelle est la forme sociale où l'égalité devant la raison et devant la loi doit se combiner, pour produire l'ordre, avec l inégalité devant la nature et devant les faits, je croirais n'apprendre rien à personne en disant qu'elle s'appelle la démocratie. L'honneur étant, comme le veut Montesquieu, le mobile des monarchies, quel sera le mobile de la démocratie? L'envie, répondent ses détracteurs. Je repousse avec indignation cette injure pour notre temps et pour notre pays! Le vrai mobile démocratique, c'est l'ambition, la noble ambition du mieux, du mieux pour tous, du mieux partout! La démocratie, c'est la marche en avant de tout un peuple sur une seule ligne; l'ancien ordre convenu est bouleversé, les anciens cadres brisés, il n'y a plus, il ne peut plus y avoir de premiers rangs que pour ceux qui marchent réellement en avant des autres. Democratie, cela doit vouloir dire en économie politique : *travail*, en résultats sociaux : *progrès*. Je ne cherche pas, je ne dois pas chercher à quelles conditions cela voudrait dire en politique *liberté*.

On conçoit les difficultés de début d'un état social qui est de tous, à la fois, le plus enviable et le plus dangereux. Noé, qui avait le premier planté la vigne comme nous avons planté la démocratie, s'énivra au premier verre de vin qu'il voulut boire. Nous avons eu aussi nos jours d'ivresse... Tout le monde voulant monter à la fois, jouir à la fois, *arriver* à la fois, comme on dit, il s'est produit souvent encombrement et désordre sur la voie du pouvoir et de la richesse. J'ai quelquefois pensé qu'un humoriste pourrait se permettre de comparer notre société presente à l'entrée d'un train de voyageurs dans une gare à buffet. Nous avons tous vu cette scène : chacun court, chacun se précipite vers la table richement garnie, chacun prend sa part et sa place, sans se préoccuper ni du voisin, ni du prix, ni de la qualité des aliments fournis. Le temps, le temps seul, voilà ce qu'il importe d'économiser, car d'une seconde à l'autre, le cri *en voiture !* cette traduction réaliste du *marche ! marche !* de Bossuet, peut se faire entendre, et alors, tant pis pour les delicats, tant pis pour les économes qui auront voulu choisir ou marchander leurs morceaux ! Ils partiront l'estomac vide.

De bonne foi, Messieurs, que voulez-vous que fasse dans cette bagarre notre pauvre agriculture? Elle ne sait pas servir la table aussi vite Il lui faut du temps, beaucoup de temps et même du beau temps ! De tous les moyens de produire et d acquérir, elle ne connaît que le plus sûr, si vous voulez, mais le plus lent. A des populations entières voulant être en un clin-d'œil logées, vêtues, nourries à l'instar des plus favorisés, l'industrie seule et l'industrie aidee de puissantes machines, pouvait répondre. Elle a répondu, Messieurs, et miraculeusement répondu ; mais en répondant ainsi, elle a mis en relief, pour les moins clairvoyants, l'infériorité de l'agriculture. Si intensive qu'on la suppose et malgré des progrès dont nous devons être fiers, elle n'a pas trouvé, elle ne trouvera jamais le moyen d'abréger le temps nécessaire pour le cours des saisons, pour la fécondation des germes, pour la maturité des fruits. On aura beau faire, les chemins ruraux auront toujours trop d'ornières pour qu'on puisse y courir après la fortune.

En outre, comme si ce n'était pas assez de ne pouvoir satisfaire aussi vite que l'industrie aux besoins nouveaux de la foule, voilà que l'agriculture est restee suspecte d'ancien régime. Cette preoccupation naive chez les uns, habile chez les autres, funeste chez tous, a laissé des traces, je le crains, jusque dans le questionnaire de l'enquête et peut-être plus encore dans la façon dont elle a été dirigée L'agriculture se plaint-elle de ne pas vendre son blé ce qu'il lui coûte, on lui objecte aigrement : « Mais vous ne voulez donc pas la vie à bon marché ? » Comme si la vie des classes laborieuses n'était pas le travail avant d'être le pain, et comme si le travail — je ne parle pas de celui des grandes villes ! — comme si le travail agricole pouvait marcher quand l'agriculture est privée de ses ressources ! Signale-t-elle la ruineuse concordance de la hausse des salaires avec la baisse des prix de vente, on insinue qu'elle serait capable de spéculer sur la misère du peuple. Demande-t-elle, comme vous l'avez fait, que le produit étranger acquitte au moins à son entrée en France la part d'impôt qu'a dû payer le produit similaire français, on lui crie qu'elle veut l'échelle mobile et qu'elle sera toujours retardataire. En un mot, comme l'ancien régime était presque exclusivement agricole, il est demeuré parmi nous bon nombre de gens disposés à se demander si notre prétention de continuer à faire du blé et de le vendre à un taux rémunérateur, ne serait pas un reste des abus féodaux ou une manœuvre des anciens partis !

Or, s'il est vrai, comme j'en suis convaincu, que le siècle est avant tout industriel parce qu'il est avant tout démocratique, comment voulez-vous que les institutions et les lois n'aient pas suivi la pente de l'opinion et n'aient pas sacrifié, peut-être sans y prendre garde, l'agriculture à l'industrie ? Si je ne devais craindre d'abuser de votre indulgente attention, je voudrais tenter ici un parallèle détaillé entre l'industriel et l'agriculteur. Soit qu'il s'agisse de recourir au crédit, soit qu'il s'agisse de revendiquer ses droits devant la justice ou l'administration, soit qu'il s'agisse d'appliquer la loi du libre-échange, qui a su garder quelque ménagement pour les produits industriels et qui n'est restée sans pitié que pour les nôtres ; partout l'industrie des champs s'est vue mise au-dessous de l'industrie des usines.

Et que serait-ce s'il fallait chercher, dans nos lois et réglements, les textes hostiles d'intention ou funestes, sans le vouloir, à l'intérêt des campagnes ? Que serait-ce s'il fallait parler de ces travaux aussi exorbitants qu'improductifs des grandes villes, qui enlèvent à l'agriculture ses meilleurs ouvriers ; de la multiplicité des fonctions salariées qui lui enlève presque tous les fils de famille aisées ; du scandale sans cesse renaissant des emprunts-loteries qui lui enlève presque tous ses capitaux ? Que serait-ce s'il m'était permis de rappeler que la plus indiscutable des libertés, la liberté municipale, la seule qui profiterait directement aux populations rurales, est loin de posséder comme les autres les faveurs de l'opinion ? Ne serais-je pas alors en droit de conclure que bien qu'on ait debuté, il y a trois-quarts de siècle, par le partage des terres, on s'est méfié depuis lors des populations agricoles ?

Mais il est temps, en effet, de conclure et de dire quel serait, à notre sens, le remède ou plutôt la réparation due, depuis trop longtemps, aux interêts de 20 millions de Français.

Je n'en vois pas, quant à moi, de plus indiqué par la nature du mal lui-même que de rétablir, en attendant l'égalité devant l'opinion, l'égalité devant l'impôt entre l'agriculture et l'industrie. On ne connaissait guère, autrefois, que la fortune foncière et par suite que l'impôt foncier. Ne semble-t-il pas de toute équité que l'énorme développement de la fortune mobilière entraîne une juste progression de l'impôt mobilier ? Est-il juste que le champ qui rend si peu paie dix fois plus que le portefeuille qui rend dix fois davantage ? Je pose cette question à vos consciences, Messieurs, et je la pose ensuite au législateur qui voudra tôt au tard conformer sa réponse à la vôtre.

On dira ce qu'on voudra sur la difficulté de trouver dans la fortune mobilière une assiette fixe pour l'impôt ; je crois à cette difficulté, mais je crois encore plus à l'iniquite qu'il y aurait à maintenir plus longtemps la plus grosse part des charges publiques du côté des petites fortunes. Par cette seule voie d'ailleurs, — puisque celle du désarment vient de nous être fermée par les victoires de la Prusse, — nous aurions quelque chance d'arriver à un dégrèvement ; car il est à peine nécessaire de convenir qu'on devrait prendre en moins sur le capital agricole ce qu'on se déciderait à prendre en plus sur le capital industriel. Or, qu'on ne s'y trompe pas, le dégrèvement sera de tout temps la plus efficace des réformes et la plus heureuse des innovations. Sans entrer en rien dans le détail des procédés et des systèmes, sans préjuger autre chose que la question de principe, je demande donc à la section d'agriculture d'émettre un vœu, en faveur d'une répartition plus équitable des impôts et taxes de toutes sortes, entre la propriété foncière et les valeurs mobilières.

III

Et maintenant, Messieurs, plus qu'un mot pour éviter toute méprise. En vous prouvant que notre civilisation démocratique a penché vers l'industrie plutôt que vers l'agriculture, ai-je voulu vous demander de conclure, soit contre l'industrie, soit contre l'agriculture? Il faudrait être deux fois insensé. C'est leur accord définitif, au contraire, c'est leur accord fondé sur la justice que nous avons tous intérêt à désirer.

Cette guerre entre deux forces également nécessaires, l'une à la vie, l'autre à l éclat de notre cher pays; —et pour la France, vous le savez, la vie et l'éclat, c'est tout un! —cette guerre, dis-je, doit finir, comme toutes les guerres, par un traite de paix, et mieux encore par une fusion sincère entre les eléments progressifs de l'agriculture et les éléments conservateurs de l'industrie. Oui, que par ses cultures de jour en jour plus perfectionnées, par ses méthodes de plus en plus rapprochées de la science, par sa comptabilité de plus en plus commerciale, par son habileté nouvelle à deviner, à créer même les besoins pour les satisfaire, l'art primitif et sacré de nourrir les hommes se rapproche de plus en plus de l'art utile et nouveau de les enrichir et de les transformer ! Que de son côté, l'industrie, de plus en plus séparée de l'agiotage, emprunte à l'agriculture — tout ce qu'elle trouvera, hélas ! à lui emprunter, — je veux dire la modération dans les désirs et la sagesse dans les entreprises ; que ses capitaux prennent plus souvent le chemin de la ferme que celui de la Bourse; qu'elle accepte loyalement sa part du fardeau des charges publiques que nous ne voulons plus porter seuls ; alors l'alliance sera à tout jamais scellée, alors d'industrielle qu'elle a été jusqu'ici, notre démocratie deviendra ce qu il faut qu'elle devienne, pour durer, s'épurer et grandir, elle deviendra une démocratie agricole.

Et à qui s'adresser pour voir s'opérer bientôt une transformation si désirable ? A nous-mêmes, Messieurs, pas à d'autres, et le succes est certain. Rappelons-nous que nous sommes les uns et les autres les fils de cette Provence, dont Pline disait déjà qu'elle n'etait inferieure à aucune des autres provinces par la culture de ses champs et la dignite native de ses habitants, *agrorum cultu, virorumque dignatione, nulli provinciarum postferenda !* » Or, la dignité ne consiste pas seulement à connaître ses droits. Il faut les affirmer, il faut les pratiquer, il faut les défendre. Qu on l entende bien, l'importance réelle de l'agriculture si redoutée par une opinion prévenue, ne semble pas assez connue des agriculteurs. Sous ce rapport aussi le poete pourrait dire d'eux qu'ils seraient trop heureux, *sua si bona no-*

rint ! Permettez-moi, en ce temps de vote souverain et universel, de changer en dépit de la prosodie, un seul mot à ce texte et de dire : *sua si VOTA norint !*

L'agriculture, en effet, qu'est-ce autre chose, Messieurs, que la France elle-même, la France qui travaille pour nourrir ses enfants. Elle est tout dans l'ordre social, elle n'est rien dans l'ordre politique. En regardant notre armée — la première du monde, dût-on m'accuser de parler pour le roi de Prusse ! — elle a le droit de dire : *Ces conscrits, c'est moi qui les donne !* En regardant notre budget dont la contemplation me rend moins fier, je l'avoue, elle peut dire : *Ces millions, c'est moi qui les paie !* En regardant enfin fonctionner le suffrage universel, destiné tôt ou tard à régler toute la politique sur le droit et l'interêt du plus grand nombre, elle peut dire : *Ces millions de voix, c'est moi qui les fournis.* Elle est donc le droit et la force, elle est la vie et le travail, elle est la liberté et l'ordre. Comment n'arriverait-elle pas à prendre dans l'Etat, dès qu'elle saura le vouloir, le rang que lui assignent et ses grands services dans le passé et ses plus grandes destinées dans l'avenir !

Marseille. — Imp. V Marius OLIVE, rue Paradis, 68

www.ingramcontent.com/pod-product-compliance
Ingram Content Group UK Ltd.
Pitfield, Milton Keynes, MK11 3LW, UK
UKHW021026200726
13857UKWH00004B/1616